Bibliografische Information der Deutschen Nationalbibliothek:

Die Deutsche Bibliothek verzeichnet diese Publikation in der Deutschen National-
bibliografie; detaillierte bibliografische Daten sind im Internet über http://dnb.d-
nb.de/ abrufbar.

Impressum:

Copyright © 2010 GRIN Verlag, Open Publishing GmbH
Druck und Bindung: Books on Demand GmbH, Norderstedt Germany
ISBN: 9783640650552

Dieses Buch bei GRIN:

http://www.grin.com/de/e-book/150835/oox-die-originaeren-ursachen-von-x

Michael Dienst

OOX. Die originären Ursachen von "X"

Eine Methode für die „Frühe Phase" der industriellen Produktentwicklung

GRIN Verlag

The Origin of "X"

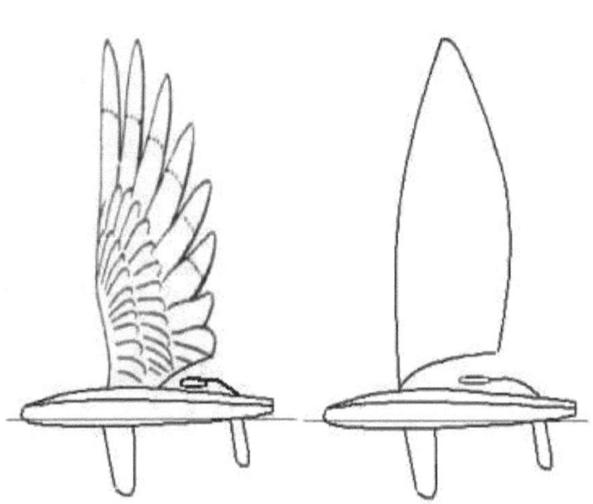

Bionik- Forschung an der Beuth-Hochschule für Technik, Berlin (BHT)

Die Bionik ist eine in die Zukunft weisende, interdisziplinäre Wissenschaft. Sie erfreut sich an unserer Hochschule bei Studierenden und Lehrenden einer außergewöhnlichen Beliebtheit. Die Bionik wird seitens der Industrie, der Wirtschaft und der bundesdeutschen Bildungs- und Forschungspolitik als eine der Schlüsselkompetenzen der folgenden Dekade angesehen. Den hohen Erwartungen an diese junge Wissenschaft trägt die Beuth Hochschule für Technik Berlin mit einer, im besonderen Maße auf Bionik-Forschung fokussierten Fachgruppe für Bionik, der **Bionic Research Unit**, Rechnung.

Mi. Dienst, Berlin im Mai 2010

Beuth Hochschule für Technik, Berlin
University of Applied Sciences Berlin, Germany
Bionic Research Unit, FB Maschinenbau, Umwelt- und Verfahrenstechnik

The Origin of "X"

The Origin of "X"

OOX: Die originären Ursachen von "X"

Methode für die „Frühe Phase" der industriellen Produktentwicklung

Beuth Hochschule für Technik Berlin
University of Applied Sciences Berlin, Germany
FB VIII Maschinenbau, Umwelt- und Verfahrenstechnik
Dipl.-Ing. Michael Dienst
{midienst@beuth-hochschule.de}, http:// www.beuth-hochschule.de

Abstract. *Die Industrie zeigt ein klares Interesse an Problemlösungen aus der belebten Natur. Die erfolgreiche Übertragung von Effekten und Wirkprinzipien aus der Biologie auf technische Produkte und Prozesse erfordert jedoch einen strategischen Ansatz. Es wird eine Methode für die sogenannte „frühe Phase der Produktentwicklung" vorgeschlagen und die Elemente und Strukturen der Methode werden dargelegt. Die Methode heißt OOX (The Origin of X). Sie unterstützt Konstrukteure und Designer bei der Konzeptfindung. Die Idee der Methode OOX ist die Klärung der „originären Ursachen einer abstrakten Gestaltungsaufgabe". Ihr Ziel ist das Vorantreiben der Entwicklung geeigneter „prinzipiellen Lösungen" im Sinne der Bionik. Das Arbeitsergebnis von OOX ist ein Wissensfundus in Gestalt eines strukturierten Journals. Es soll als Grundlage dienen, für eine computerbasierte Weiterverarbeitung der Informationen. Der Aufsatz behandelt die Idee, die Elemente, die Struktur und den Ablauf einer Kampagne unter OOX.*

The Origin of "X"

1. Die Idee der Methode „The Origin of X"

Die Methode OOX ist eine Recherchetechnik für Gruppen oder Einzelpersonen. Es gibt feste, aber frei verhandelbare Formate der Dokumentation. Die Arbeitsergebnisse von OOX sind einer Weiterverarbeitung mit Autorensystemen oder dem Einsatz von Expertensystemen zugänglich, können als Organisationsstruktur für computerbasierte Assoziativtechniken und Generatoren für Metatext dienen. Der Einsatz von Internetagenten unter OOX ist geplant. Dieser letzte Aspekt der Methode befindet sich derzeit in der „Freakphase".

Die Idee von OOX ist die eines Recherche-Korridors, in dem arbeitsteilig und rasch komplexe Sachverhalte am Beispiel von exemplarischen Objekten in der Art recherchiert werden, dass unter verschiedenen Aspekten die Ursachen einer abstrahierten Gestaltungsaufgabe geklärt werden.

Einordnung der Methode in den Produktentwicklungsprozess

1.	Klären und Präzisieren der Aufgabe	frühe Phase
2.	Ermitteln von Funktionsstrukturen	
3.	Suche nach Lösungsprinzipien	
4.	In realisierbare Module gliedern	Entwurf
5.	Gestalten der Module	
6.	Gestalten des gesamten Produkts	
7.	Ausarbeiten	Konstruktion
	... Weitere Realisation	

Organisatorisch eingeordnet ist OOX in die sogenannte „frühen Phase" der industriellen Produktentwicklung.

Die Zielgruppe von Methode OOX sind Produktentwickler in der „frühen Phase" und alle an der Prozesskette der Produkterstellung beteiligten Personen und Gruppen.

Der Gegenstand der Methode sind Gestaltungsfragen. Ausgehend vom Ablauf klassischer Produktentwicklungsszenarien haben Methoden für die Frühe Phase das „Lösungsprinzip" der Gestaltungsaufgabe zum Ergebnis. Eine generalisierende Betrachtung der ersten drei Phasen (Planen, Entwerfen, Ausarbeiten) der Produktentwicklung liefert folgende Untergliederung:

Frühe Phase: Planen und Klären der Aufgabe

Gestaltungsproblem	Entwicklung	einer Gestaltungsaufgabe
Differgenzphase		
Abstraktion	Übergeordneten Zusammenhang finden	
Differenzierung	Umfangreiches Wissen generieren	
Konditionierung	Wissen mit ordnenden Strukturen versehen	
Konvergenzphase		
Superposition	über Assoziation Äquivalenzen finden	
Verschränken	Relevanzen finden, Aussagen generalisieren	
1 **Lösungsprinzip**	Produktmodell ableiten	

Konzept
Entwerfen
Ausarbeiten

Für die **Differgenzphase** sind Methoden erforderlich, die den Designer und den Konstrukteur beim Generieren von Wissen unterstützen: Abstraktion der Gestaltungsaufgabe, Differenzierung der technischen, naturwissenschaftlichen, organisatorischen und ästhetischen Sachverhalte und Konditionierung der Rechercheergebnisse. Die **Konvergenzphase** verlangt nach Methoden und Instrumenten der Informationsverarbeitung und Wissenspräsentation.

Beuth Hochschule für Technik, Berlin
University of Applied Sciences Berlin, Germany
Bionic Research Unit, FB Maschinenbau, Umwelt- und Verfahrenstechnik

The Origin of "X"

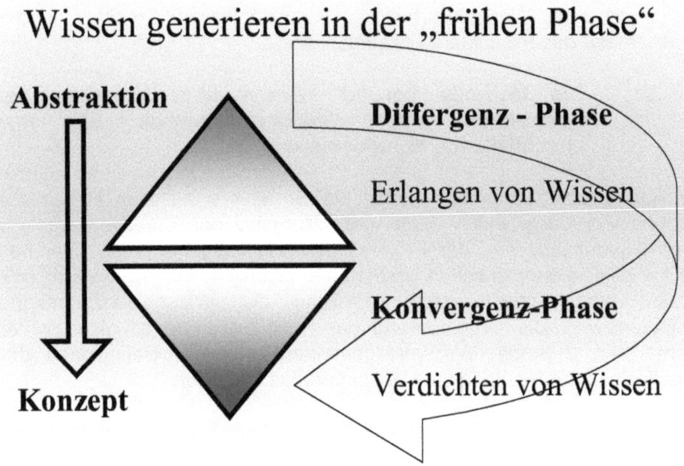

2. Definition der Methode OOX.

Die Hauptaufgabe in der Differgenzphase ist das Generieren von Wissen aus dem Umfeld einer Gestaltungsaufgabe. Dazu wird das Thema der Gestaltungsaufgabe aus der Problemstellung durch Abstraktion verallgemeinert. Dies ist die erste Aufgabe der Methode. Arbeitsergebnis ist das Abstraktum der Gestaltungsaufgabe. Wir nennen es nachfolgend „X".

DEF 1/3.　　**Die Methode abstrahiert ein Gestaltungsthema.**

Die zweite Aufgabe besteht in der Untersuchung von technischen und natürlichen Systemen, nachfolgend „Exemplare" genannt, bezüglich unterschiedlicher „Aspekte" der originären Ursachen der Abstraktion „X". Die Differenzierung in Aspekte führt zu einer Schar von Informationslinien und zu einer Teilung der Aufgabe der Informationsbeschaffung zur Ursachenklärung. Arbeitsergebnis ist ein strukturiertes Dokument über die Aspekte der Ursachen von „X". Wir nennen es nachfolgend Journal.

DEF 2/3.　　**Die Methode generiert Wissen über die Ursachen der Abstraktion eines Gestaltungsthemas.**

Beuth Hochschule für Technik, Berlin
University of Applied Sciences Berlin, Germany
Bionic Research Unit, FB Maschinenbau, Umwelt- und Verfahrenstechnik

Eine dritte Aufgabe besteht in der Aufbereitung der Informationen über die Ursachen der Aspekte der Abstraktion „X" einer Gestaltungsaufgabe hinsichtlich einer Weiterverarbeitung (Konditionierung) im Rahmen der frühen Phase des Produktentwicklungsprozess.

DEF 3/3. Die Methode bereitet Wissen über Ursachen der Abstraktion eines Gestaltungsthemas für eine anschließende Konditionierung vor.

Die Struktur der Methode spiegelt die Struktur der frühen Phase der Produktentwicklung wider. Nach dem Vorgang der Verallgemeinerung durch Abstraktion, wird der Prozess der Wissensgenerierung über das Vehikel einer exemplarischen Ursachenermittlung motiviert. Die Methode bereitet einen nachfolgenden Prozess der Wissensveschränkung kompetent vor. Die Durchführung der Konditionierung ist nicht primär Thema der Methode. Wir verallgemeinern die drei Definitionen der Teilaufgaben der Methode zu einer generellen Definition:

DEF. Die Methode behandelt die originären Ursachen eines Abstraktum „X".

Die Methode heißt: **„Die originären Ursachen von X"** und wird nachfolgend **OOX**, „The Origin Of X" genannt. Sie dient dem differenzierten und kompetenten Generieren von Wissen über ein abstraktes Gestaltungsthema „X". Die Methode bietet dem Bearbeiter ein vorstrukturiertes Umfeld für Dokumente zu unterschiedlichen Aspekten der Gestaltungsaufgabe an.

3. Ablauf und Elemente einer Kampagne unter OOX

Aufgabenstellung. Zuerst wird allen Teilnehmern die konkrete Gestaltungsaufgabe bekannt gemacht. Der Gegenstand der Gestaltungsaufgabe ist beliebig; es kann beispielsweise ein Produkt, eine Organisationsstruktur oder ein Prozess sein. Der Fokus der Gestaltungsaufgabe ist ein konkretes, künstliches zu entwickelndes System – ein Artefakt. Arbeitsergebnis ist ein Lastenheft, ein Katalog von Anforderungen an den Artefakt.

Beispiel: Der Rumpf einer Segelyacht soll bezüglich seiner Leistungsmerkmale optimiert werden.

Beuth Hochschule für Technik, Berlin
University of Applied Sciences Berlin, Germany
Bionic Research Unit, FB Maschinenbau, Umwelt- und Verfahrenstechnik

The Origin of "X"

Aufgabenstellung

Die Aufgabenstellung wird bekannt gemacht.
Es kann sich um die Gestaltung eines Produktes,
eines Prozesses oder auch
eine Organisationsstruktur handeln.

Abstraktion. OOX basiert darauf, dass zu einer gegebenen Gestaltungsaufgabe übergeordnete Fragestellungen existieren, die nun in einem zweiten Schritt herauskristallisiert werden. Von der Bearbeitergruppe wird – beispielsweise in einem moderierten Dialog - das Wesen der Gestaltungsaufgabe auf den Punkt gebracht. Finde das Wesen der Gestaltungsaufgabe! Arbeitsergebnis ist das Abstraktum „X" der Gestaltungsaufgabe (ggf. in Gestalt eines abstrakten Design-Slogan).

Beispiel: Erfahrene Schiffskonstrukteure identifizieren „intuitiv" leistungsfähige Linienrisse. Es zeigt sich, dass die Linien schneller Schiffe auch ästhetische Qualitäten besitzen. Die Bearbeitergruppe abstrahiert den Begriff „Eleganz".

Beuth Hochschule für Technik, Berlin
University of Applied Sciences Berlin, Germany
Bionic Research Unit, FB Maschinenbau, Umwelt- und Verfahrenstechnik

Abstraktion

> Die Leitidee von OOX ist, dass zu einer
> konkreten Gestaltungsaufgabe
> eine übergeordnete Fragestellung
> existiert: die **Abstraktion „X"**!
>
> „finde das **WESEN** der Gestaltungsaufgabe
> und formuliere einen **DESIGN-SLOGAN"**

Exemplare. Für ein übergeordnetes Abstraktum „X" einer Gestaltungsaufgabe lassen sich erfahrungsgemäß zahlreiche Beispiele anführen. Die Beispielobjekte sollen typisch für das Abstraktum „X" sein, das Wesen der Abstraktion transportieren oder verkörpern. Die Objekte vertreten die Abstraktion „X" exemplarisch. Dabei kann (und soll sogar) der Bezug zur ursprünglichen Gestaltungsaufgabe aufgelöst werden. Gesucht werden Exemplare aus der belebten oder unbelebten Natur (Wesen und Dinge) und künstliche Systeme (Artefakte).
Arbeitsergebnis ist ein (jederzeit erweiterbarer) Katalog von Exemplaren.

Beispiel: Die elegante Form von Lebewesen, ihr Bewegungsablauf (Exemplar = Leopard). Ein eleganter mathematischer Lösungsweg, die Struktur eines Computerprogramms.

Beuth Hochschule für Technik, Berlin
University of Applied Sciences Berlin, Germany
Bionic Research Unit, FB Maschinenbau, Umwelt- und Verfahrenstechnik

The Origin of "X"

Exemplare

Für jedes übergeordnete Abstraktum „X"
lassen sich „typische Beispielobjekte"
finden.
Sie vertreten das Abstraktum „exemplarisch".

Die Exemplare stammen aus der
belebten Natur (Wesen)
bzw. sind **künstliche Systeme (Artefakte)**

Aspekte. Die Exemplare werden nun unter verschiedenen Aspekten von den Bearbeitern verhandelt. Es soll dabei ein möglichst breites Feld von signifikanten Eigenschaften freigelegt werden. Das Leitmotiv der Recherche ist die Frage nach der originären Ursache der Merkmale und Eigenschaften des betrachteten Objekts.

Beispiel: Die evolutiven Ursachen eleganter natürlicher Form (Aspekt = die zeitbasierten Ursachen von „X" sowie Entstehungsursachen).

Aspekte

> Die Exemplare werden unter verschiedenen
> Aspekten betrachtet.
> Leitmotiv der Recherche ist die Frage nach der
> **„originären Ursache"** für die signifikanten
> Merkmale und Eigenschaften
> des betrachteten Objekts.

Warum OOX? The Origin of X fragt nach den originären Ursachen einer Beobachtung, einer Messgröße, einer subjektiven Empfindung usw. OOX „wühlt" sich quasi „ursachen-erforschend" durch das über ein Objekt verfügbare Wissen. Dabei ist die Frage, warum etwas so und nicht anders ist, natürlich weder neu noch besonders originell. Das Besondere an der Methode OOX sind die unterschiedlichen Standpunkte (Aspekte), die die Bearbeiter im Laufe einer OOX-Kampagne einnehmen, ihre geordnete Dokumentation und eine darauf folgende Verschränkung des von dem Bearbeiter generierten Wissens mit den Rechercheergebnissen der anderen Beteiligten einer OOX-Kampagne.

Wissen generieren. Die Recherche erfolgt bezogen auf die konkreten Exemplare (objektorientierte Recherche). Qualitative Beobachtungen besitzen dabei die gleiche Priorität, wie wissenschaftliche Abhandlungen, Formeln oder Simulationsmodelle. Für diesen Prozess der Wissensgenese - der in der Gruppe arbeitsteilig vergeben abläuft - stellt die Methode die Metapher des sogenannten „Korridormodells" sowie die Medien „J.Plot" und das Instrument „Flag" zur Verfügung.

Beuth Hochschule für Technik, Berlin
University of Applied Sciences Berlin, Germany
Bionic Research Unit, FB Maschinenbau, Umwelt- und Verfahrenstechnik

The Origin of "X"

Wissen generieren

Die Recherche der „originären Ursachen"
von Eigenschaften und Merkmalen erfolgt
auf das „Objekt bezogen".

Die Methode OOX bietet
syntaktische (J.PLOTs)
und **semantische (FLAGs)**
organisatorische Instrumente an.

J.Plot ist ein strukturelles Format für Texte.

Flags repräsentieren übergeordnete Schlagworte und sind Textmarken. Der J.Plot wird von der Bearbeitergruppe im Vorfeld der OOX-Kampagne vereinbart, Flags stammen aus einem für alle Beteiligten Fundus und werden zur Laufzeit der Kampagne an Textorte im J.Plots geheftet. Arbeitsergebnis sind möglichst viele mit Flags versehene J.Plots über die Ursachen von Aspekten von Eigenschaften konkreter Exemplare.

Beispiel: Der 123-J.Plot. Ein Thema, zwei Textseiten mit maximal drei Bildern oder Formeln. Flags sind z.B. die Begriffe: Geschwindigkeit, Reibung, Linie, Oberfläche, Generation usw.

Der Fokus von OOX: Konditionieren der Information. Das Format J.Plot erleichtert der Gruppe und/oder dem Moderator, Übereinstimmungen von Merkmalen und Eigenschaften (Flags) der betrachteten Exemplare zu erkennen. Dieses **analoge Schließen** und **Assoziieren** hat die Qualität einer Transformation der Rechercheergebnisse, denn dieser Prozess organisiert die gesammelten Informationen nach Merkmalen (Schlagworten, Flags) um. Da die

Beuth Hochschule für Technik, Berlin
University of Applied Sciences Berlin, Germany
Bionic Research Unit, FB Maschinenbau, Umwelt- und Verfahrenstechnik

The Origin of "X"

Informationen in (computerbasierten) J.Plots formatiert sind, kann der Ordnungsvorgang maschinell geschehen.

Verschränken. Die nach Merkmalen geordneten Informationen werden nun erneut von den Gruppenteilnehmern verhandelt. Dabei werden sowohl Plausibilitätskriterien angewandt als auch das Essentielle der Informationen erfragt. Im Gegensatz zu einem Prozess der Filterung und Kondensation des Wissens, der zu einem Verlust an Information führt, kommt es hier zu Superpositionen und zu einer Anreicherung von Zusammenhängen. Um mit einem Bild zu sprechen: Statt mit einem Sieb zu filtern, wird in einem **Faltungsprozess** Information überlagert. Die Umorganisation erhält die Information und führt durch die Analogienbildung zu einem Verstärken der Aussagen über Effekte und Eigenschaften die ursächlich sind für unterschiedlichste Exemplare. Das Ergebnis ist eine Verdichtung des Wissens ohne Verluste.

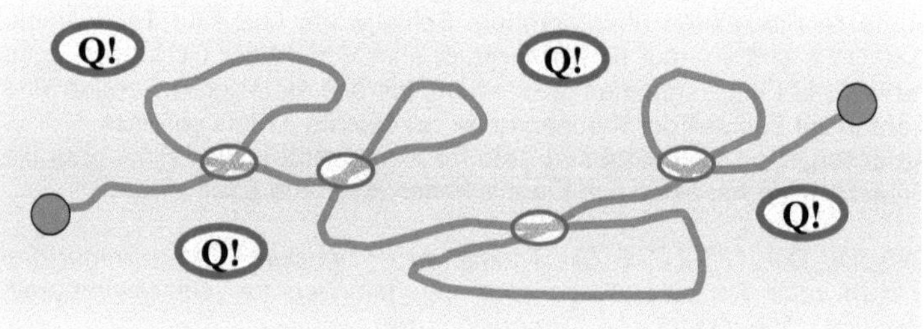

Beim Falten, Verschränken, Superponieren der Information...

... tauchen plötzlich neue Zusammenhänge (Qualitäten) auf ...

Essenz finden. Die Exemplare stammen aus dem Umfeld des Abstraktum (X) der Gestaltungsaufgabe, so dass die verschränkte Information Aussagen über das abstrakte Gestaltungsthema enthält, die es nun gilt, zu erkennen. Für die Methode OOX in der „Freakphase" erfolgt dieser Vorgang in einem moderierten Dialog; Zielvorstellung ist ein computerbasierter Assoziationsprozess. Arbeitsergebnis ist ein Dokument über die essentiellen Ursachen unterschiedlicher Aspekte eines Abstraktums „X".

Ablauf einer Kampagne unter OOX

Aufgabenstellung
    Anforderungskatalog einer Gestaltungsaufgabe

Abstraktion
    Das Wesen der Gestaltungsaufgabe

Exemplare finden
    Typische Beispiele aus Natur und Technik

Aspekte betrachten
    Differenzierte Betrachtungen

Wissen generieren
    verteilte Informationsbeschaffung

Wissenskonditionierung vorbereiten
    aufbereiten der Informationen

4. Die algorithmische Gestalt und die Elemente von OOX.

Die Struktur der Methode OOX ist algorithmisch. Vor der Beschreibung des Verfahrensablaufs werden die Elemente der Methode benannt.

Deklarationen sind Größenordnungsangaben und von den Bearbeitern zum Teil frei vereinbar. Erfahrungsgemäß ergeben sich erst zur Laufzeit

Beuth Hochschule für Technik, Berlin
University of Applied Sciences Berlin, Germany
Bionic Research Unit, FB Maschinenbau, Umwelt- und Verfahrenstechnik

The Origin of "X"

der Kampagne die wahren Anzahlen an Iterationszyklen, Objekten, Redundanzen etc.

n	Anazahl der Objekte	(beliebig)
p	Varianten an J.Plots	(gesetzt $p = 1$)
q	Flags vereinbart	(beliebig)
k	Anzahl Aspekte	(gesetzt $k = 8$)
m	Iterationen zur Optimierung / Redundanz.	(beliebig)

Die wesentlichen Elemente betreffen die Gegenstände der Untersuchung. Das abstrakte Gestaltungsthema und die Exemplare in einer Kampagne unter OOX .

- **Abstraktum(X)** Der abstrakte Slogan einer Gestaltungsaufgabe.
- **Objekt(n)** Artefakte und Wesen die unter diversen Aspekten(k) analysiert werden.

Die szenischen Elemente betreffen die Organisation von OOX. Sie regeln den Ablauf der Erarbeitung von Informationen und ermöglichen das Zusammenspiel der Elemente von OOX.
- **Kampagne** Gesamtprozess unter OOX.
- **Zyklus** Iterationen; innere Teilprozesse.
- **Beginn, Ende** prozeduale Terminierungen.
- **Ereignis** punktförmige Terminierungen.
- **:** Verknüpfung mit, Anzahl von.

Die topologischen Elemente betreffen die räumlich-zeitliche Gestalt einer Kampagne unter OOX.
- **Korridor(i,k,n)** Raum durch den sich das Objekt(n) bewegt
- **Apekt(k)** Die k Dimensionen des Korridors: Merkmale (X)

Die instrumentellen Elemente betreffen die Arbeitsergebnisse und die unterstützenden Instrumente die in einer Kampagne unter OOX bedient werden.
- **Das Journal(X)** Das Dokument über das (X) einer Kampagne.
- **J.Plot** Syntaktische Struktur zur geordneten Bewegung durch den Korridor.
- **Flag(q)** Semantische Markierung für die Assoziation und Analogienbildung.

Beuth Hochschule für Technik, Berlin
University of Applied Sciences Berlin, Germany
Bionic Research Unit, FB Maschinenbau, Umwelt- und Verfahrenstechnik

The Origin of "X"

OOX in Pseudocode. Die Algorithmische Gestalt der Methode, die Schachtelung der Verfahrensschritte und das Zusammenwirken der Elemente wird in einer Darstellung als Pseudo-Code sichtbar.

```
Kampagne(OOX)                    { Deklarationen und Vereinbarungen }
q : Flag                         { semantische Marken : beliebig        }
p : JPlot                        { syntaktische Strukturen : p = 1      }
n : Objekt                       { Wesen und Artefakte : beliebig       }
k : Aspekt                       { konzentrische Dimension : k = 8 }
i : Repräsentation               { laterale Dimensionen : i = 3  }
Beginn (Abstraktion)             { Verallgemeinern/Gestaltungsthema }
     Abstraktum(X)               { 1 : Abstraktum                       }
   Beginn                        { Generieren von Wissen beginnt        }
      Objekt(n)                  { n : Exemplare auswählen              }
         Beginn Zyklus(Korridor) { beliebig : m + n                     }
            Aspekt(k)            { k : Aspekte der Ursachen von (X)}
         Beginn Zyklus(konzentrisch) { beliebig : m + n * k             }
               Repräsentation(i) { i : Repräsentationsebenen   }
            Beginn Zyklus(lateral) { beliebig :  m + n * k * i          }
               J.Plot : Journal : Flag { Syntax : Dokumente erarbeiten und
            Ende(i)                 : Semantische Marken setzen       }
         Ende(k)
      Ende(n)
   Ende
Ende
```

5. Das Zusammenwirken der Elemente.

Außen. Jede Kampagne unter OOX besitzt genau einen äußeren und beliebig viele innere Zyklen. Der äußere Zyklus bestimmt eingangseitig den Gegenstand (X) der Untersuchung und regelt die Weitergabe von Information ausgangseitig.

Innen. Die inneren Zyklen dienen dem Generieren von Information. Die Terminierung und Lokalisierung der inneren Zyklen unter OOX ist beliebig; sie verlaufen sequentiell oder parallel, synchron oder asynchron, räumlich verstreut, personell verteilt oder interaktiv. Bearbeiter sind Einzelpersonen, Gruppen oder Teams.

Abstraktion. Eine Kampagne unter OOX beginnt mit der Abstraktion eines Gestaltungs-themas. Die Abstraktion ist durch das Erkennen und Benennen verallgemeinerter Merkmale und Gesetzmäßigkeiten eines

The Origin of "X"

Gestaltungsproblems gekennzeichnet und zielt auf einen übergeordneten Zusammenhang. Durch das Heraussondern allgemeiner Merkmale werden Begriffe des betrachteten Gestaltungsproblems gewonnen, welche die Ursachen hinterfragen, die dem Problem zugrunde liegen.
Ergebnis dieser ersten Phase ist das Abstraktum „X". Es soll universell sein und besitzt Bedeutung in der Welt der Lebewesen und der Artefakte!

Exemplar, Korridor und Aspekt. Zur Wissensgenese unter OOX wird der Begriff des Exemplars, der des Aspekts und die Metapher des Korridormodells eingeführt.

Der Korridor ist ein Gedankenmodell und zielt auf die Klärung der (Problem-) Umgebungen des Abstraktum"X". Der Korridor besitzt die die Dimension n der der **n Aspekte** der Ursachen von „X" und hinterfragt als übergeordnetes Kriterium die **Repräsentation** (Realität, Wirklichkeit, Modell, Simulation) der Ursachen von „X". Die Erarbeitung des Wissens über die Ursachen von (X) erfolgt am Objekt orientiert. Objekte sind Exemplare (Dinge) aus der belebten Natur (Wesen) oder aus der künstlichen Welt (Artefakte). Wesen und Artefakte werden mit den gleichen Instrumenten untersucht.

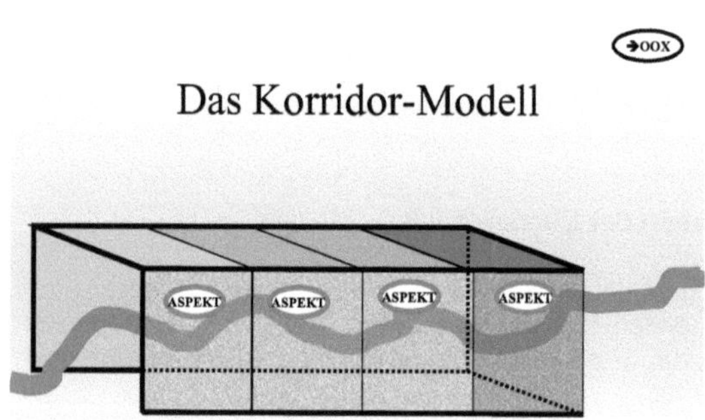

Wandeln durch den Korridor. Das Gedankenmodell des Korridors beinhaltet auch seine Topologie. Alle Aspekte der Ursachen von „X" können auf unterschiedlich hohem Abstraktionsniveau betrachtet werden. Von der (qualitativen) Beobachtung des realen Objekts, über die

Beuth Hochschule für Technik, Berlin
University of Applied Sciences Berlin, Germany
Bionic Research Unit, FB Maschinenbau, Umwelt- und Verfahrenstechnik

The Origin of "X"

(quantifizierte) Betrachtung der Wirklichkeit, bis hin zu ihrer Simulation in einem Modell. Der Korridor dient dazu, ein Objekt unter verschiedenen Blickwinkeln zu betrachten, mal den einen und mal den anderen Aspekt in den Vordergrund zu schieben.

Dimensionen des Korridors (Aspekte der Ursachen von „X")

Aspekt		*Beispiele*
Zeit.	→	Rhythmen, Dynamik, Bewegung.
Genese.	→	Ontogenese, Phylogenese, Fertigung.
Struktur.	→	Form, Gestalt und Funktion.
Energie.	→	Wandlung, Speicherung.
Stoff.	→	Leitung, Speicherung.
Information.	→	Speicherung, Verarbeitung.
Wechselwirkungen.	→	Habitat und Lebensgemeinschaft.
Philosophie	→	Kultur, Soziologie, Anthropologie.

Z.B. ... die energetischen Ursachen von „X"

Repräsentationen im Korridor (Repräsentation der Aspekte der Ursachen von „X")

Realität	→	subjektive, fragmenthafte Wahrnehmung
Wirklichkeit	→	Wechselwirkungs-Zusammenhänge erkennen.
Modell	→	Terme, Formeln, Simulationen.

Z.B. ... das Modell energetischer Ursachen von „X".

Die Wissensgenese erfolgt zyklisch und zielt auf jeweils ein Exemplar. Nach und nach werden alle Objekte einer Kampagne unter OOX durch den Korridor bewegt.

Das Durchschreiten des Korridors ist beliebig. Der Weg durch den Korridor erfolgt in einer lateralen Bewegung, entlang der Achse der unterschiedlichen Repräsentationen und erfasst nach und nach in einer konzentrischen Bewegung die Aspekte. Oder er fokussiert einen Aspekt und bewegt sich auf einer Linie von der konkreten Realität hin zu einem abstrakten Modell. Ein Objekt kann beliebig oft durch den Korridor bewegt werden (Iteration). Der zweidimensionale Analyseraum muss nicht vollständig durchschritten werden.

Beuth Hochschule für Technik, Berlin
University of Applied Sciences Berlin, Germany
Bionic Research Unit, FB Maschinenbau, Umwelt- und Verfahrenstechnik

The Origin of "X"

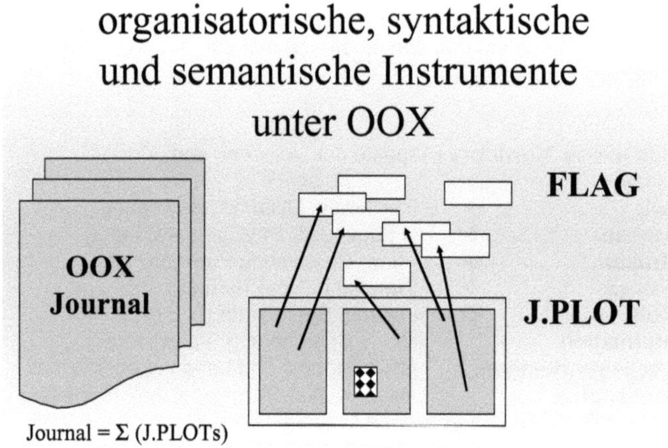

Das Journal ist das Ergebnis einer Kampagne über die Ursachen der Aspekte von „X". Die Beiträge in diesem Dokument sollen während einer Kampagne ein gleiches Format haben.

Der J.Plot ist das Format des Journals und regelt die organisatorische Struktur der Beiträge. Die Idee des J.Plots ist die objektorientierte Behandlung des Wissens über die Aspekte der Ursachen von (X).

Die Flags sind semantische Markierungen, vergleichbar den Marken eines Hypertextes. Flags sind standardisiert aber frei vereinbar. Sie dienen als Merkmale auf der Dokumentoberfläche für eine Weiterverarbeitung.

6. Zur Auswahl von geeigneten Exemplaren

Künstliche Systeme / Artefakte. Produkte des Hauses sind in allen Einzelheiten bekannt. Die Information ist vollständig. Betrachten wir das Abstraktum (X), so fallen uns sofort eine Reihe von Produkten ein, die dieses Abstraktum transportieren. Auch „Slogans" über das Abstraktum (X) führen auf Produkte, Organisationen oder Prozesse.

Beuth Hochschule für Technik, Berlin
University of Applied Sciences Berlin, Germany
Bionic Research Unit, FB Maschinenbau, Umwelt- und Verfahrenstechnik

The Origin of "X"

Natürliche Systeme / Wesen und Dinge. Hochleistungssysteme sucht man in den Regionen, in denen Knappheit herrscht. Einem Paradiesvogel wachsen in seinem Habitat, dem Urwald, fast die Früchte in den Schnabel. Hier sucht man effiziente Flieger vergebens. Aasgeier die täglich 300 Kilometer über karge Savanne zurücklegen sind hier bessere Exemplare. Eine Wüstenmaus „weiß" mehr über das Wärmehaushalten als eine europäische Feldmaus.

7. Die Ursachen der Aspekte des Abstraktums „X" der Gestaltungsaufgabe

Die Aspekte dienen als Überschriften für Ausarbeitungen, für die Erstellung von Metatext für Internetrecherchen, als Assoziationshilfen und Schlagwortkataloge. Die nachfolgenden Listen sind weder vollständig, noch eindeutig. Manche Listeneinträge tauchen mehrfach auf. Die Bearbeiter sind angehalten, die Listen selbständig zu erweitern und durch spezifische Beiträge auf die zu lösende Aufgabe zu konditionieren.

Gliederung der Aspekte / Inhalt
    Zeit
    Genese
    Struktur
    Energie
    Stoff
    Information
    Wechselwirkungen
    Philosophie

Beuth Hochschule für Technik, Berlin
University of Applied Sciences Berlin, Germany
Bionic Research Unit, FB Maschinenbau, Umwelt- und Verfahrenstechnik

The Origin of "X"

Zeit. Die zeitbasierten Ursachen von (X).

Der Lebenszyklus von (X). Anfang – Gebrauch - Ende.
Was steht am Anfang – was steht am Ende.
Gebrauch. Stationen des Gebrauchs. Der Betrieb von (X).
Das Dasein von (X).
Das Ableben. Schadensnahme. Verschleiß.
Welche Rolle spielen Rhythmen. Tages- Jahres- Lebensrhythmen
Kurzzeitige Eigenschaften, zeitlich langreichweitige Eigenschaften
Externe Rhythmen. Aufprägungen von Außen. Passiv / aktiv.
Endogene Rhythmen. Melodie, Harmonien, Schwingung, Dynamik.
Moden,
Zeitverhalten und Bewegung. Aufgeprägte Formen, endogene
Formen.
Zeit und Form. Form ist die Spur einer Kontur. Bewegung ist die
Spur einer Form.
Transport. Stoff- und Energietransport – in, um, durch das (X)
Spuren. Konditionen.
Zeit und Funktion. Lebensdauer, Dauerfestigkeit. Zeitfestigkeit
Terminierungen
Zeit und Dynamik. Schnell, langsam, beschleunigt, gebremst,
entschleunigt.

Genese. Die Entstehungsursachen von (X).

Ontogenese. Individualentwicklung. Von der Eizelle bis zum adulten
Organismus.
Evolution. Entwicklung über die Zeit. Generation, Selektion,
Elektion, Mutation, Variation, Mutabilität. Phylogenese
Metamorphose, Gestaltwandel, Funktionswandel, Lebenszyklen,
Wachstum, Differenzierung,
Variation von Gestalt. Optimierung.
Entstehung von Muster und Gestalt. Biologischer Substanzaufbau.
Morphogenetische Gradienten.
Selbstorganisation, Selbstmontage, Chaos-Theorie, Synergetik,
Fraktale.
Fertigung, Technologien, Verfahren, Montage, Inbetriebnahme
Urformen, Umformen, Spanen, Fügen, Montieren
Rationalisierung. Einzelteile / Serienteile / Losgröße Auslegung
von Bauteilen
Fertigungsgerechtes, werkzeuggerechtes, messgerechtes,
werkstoffgerechtes, maschinengerechtes, montagegerechtes
Gestalten.

Beuth Hochschule für Technik, Berlin
University of Applied Sciences Berlin, Germany
Bionic Research Unit, FB Maschinenbau, Umwelt- und Verfahrenstechnik

The Origin of "X"

Struktur. Die strukturellen Ursachen von (X).

Gestalt (Design), Form, Geometrische und funktionale Parameter, Wirkgeometrie
Morphologie, Baustruktur, Anordnung, vorn –hinten, oben – unten.
Geometrie, Art, Form, Lage, Größe, Anzahl
Hierarchie(Artefakt): Anlage, Maschine, Baugruppe, Teil (Ganzes-Teil-Relation)
Hierarchie(Wesen): Körper, Organe, Gewebe, Zellen, Proteine, Moleküle, Atome (Ganzes-Teil-R.)
Organisation, Funktion, Hauptfunktionen, Teilfunktionen, Funktionsstruktur
Systemgrenze, Milieu, inneres System, Habitat, äußeres System
Kräfte, Mechanik, Mechanismen, Kinetik, Kinematik, Stabilität
Oberflächen, Systemgrenzen, Stabilitätsfunktion.
Lebewesen als hydraulische Systeme, Pneus und Blasen.

Energie. Die energetischen Ursachen von (X).

Energiearten, hydraulisch, chemisch, mechanisch, elektrisch, magnetisch,
Potentielle, kinetische Energie
Energiespeicherung, Kondensator, Getriebe, Kurbel,
Energiewandlung, Energiekomponente ändern (Drehmomente vergrößern, Hebelarme verkürzen)
Energieaufnahme, Energieabgabe, Energiebilanz.
Kräfte, Momente
Aufwand, Kosten
Energie mit Signal verknüpfen (elektrische Energie einschalten)
Bewegen, Art, Translation, Rotation, Form, gleichförmig, stetig, intermittierend, unstetig, beschleunigt, Richtung, Raumachsen,

Beuth Hochschule für Technik, Berlin
University of Applied Sciences Berlin, Germany
Bionic Research Unit, FB Maschinenbau, Umwelt- und Verfahrenstechnik

The Origin of "X"

Stoff. Die substanziellen Ursachen von (X).

Lebewesen sind „hierarchisch organisierte" Systeme: sie sind Organismen! Gleichzeitig sind Organismen durchweg und ausnahmslos mechanische Gebilde
Besonderheiten biologischen Materialien?
Materialschichtung während des Entstehens.
Die biologische Gestalt entsteht in einem räumlich – zeitlichen Prozess.
Funktionsschichtung und Aufgabenteilung.
Finite Sentenzen. Die hierarchische Ordnung biologischer Strukturen
Finite Funktionalitäten Biologische Materialien sind häufig streng funktionell (hierarchisch) aufgebaut.
Emergenz. Formieren sich Zellen zu Gewebe und Gewebe zu Organen, treten neue Qualitäten auf
Anisotropie und „Polylayer". Biologische Materialien sind oft hoch speziell aus Polylayern aufgebaut.
Leichtbau. Biologische Materialien sind sehr häufig ultraleicht.
Einheitliche Materialien. Es gibt auch eigentümliche Mehr-Komponenten-Materialien aus chemisch identischen, physikalisch aber unterschiedlichen Komponenten.
Reformation von Gestalt. Manche biologischen Materialien sind selbstreparabel.
Mehrfachfunktionen. Regelmäßig sind biologische Materialien multifunktionell.
Rezyklierbarkeit. Biologische Materialien haben in der Regel eine terminierte Lebensdauer und sind total biologisch abbaubar und damit absolut rezyklierbar.
Plastizität.
Extreme elastische Dehnung. Aussackungen oder lokales Dehnen.
Technische Materialien, Werkstoffe
Funktionsanalyse: Stoffe leiten (Transportvorgänge), Stoffumsatz
Stoffspeicherung und   Stoffwandlung (chem. Reaktion)
Stoffe verknüpfen (mischen, trennen), Soffabmessung ändern (Dehnung, Stauchung)
Stoffe mit Signal verknüpfen. Botenstoffe als Signale
Stoffverarbeitung, Stoffwandlung, „Stoffwechsel"
Transport: fest, flüssig, gasförmig, Aerosol, Emulsion
Belastungskurven, Bruchmechanik, Festigkeit.
Die mechanischen Gesetze, die den Aktivitäten lebender Strukturen zugrunde liegen.
Die mechanischen Gesetze, die den Funktionen künstlicher Strukturen zugrunde liegen

Beuth Hochschule für Technik, Berlin
University of Applied Sciences Berlin, Germany
Bionic Research Unit, FB Maschinenbau, Umwelt- und Verfahrenstechnik

The Origin of "X"

Zusammenhang mit Mechanismen des Wachstums oder der Stoffwechselfunktionen
ingenieurtechnische Konzepte der Stoffverarbeitung (Technologien).
Äußere Lasten greifen am Bauteil an.
Normalspannungen sind Zug- und Druckspannungen.
Schubspannungen sind als Scher- und Torsionsspannungen
Verformungen sind elastische Verlängerungen, Verkürzungen
Materialgrenzwerte: Zugfestigkeit, Fließgrenze, Dauer-, Zeit- und Betriebsfestigkeit.
Einflusszahlen Beachten von Kerbwirkung, Oberflächen- und Größeneinfluss
Festigkeitshypothesen

Information. Die Informationellen Ursachen von (X).

Digital, analog, stetig, unstetig
Signal, Signale wandeln (chemisches Signal in elektrisches Signal, z.B. bei Synapsen)
Signale: filtern, verstärken, unterdrücken, verstetigen, digitalisieren
Signal mit Energie verknüpfen (Verstärken, elektr. Potential)
Signal mit Stoff verknüpfen (Markierung, Kennzeichnung, chem. Potential)
Informationsverarbeitung (Übergang: inneres / äußeres System)
Datenübertragung, Datenleitung, Transformation, die Träger der Signale.
Informationsspeicherung, Medien und Verfahren, Zeitverhalten.
Informationsaufnahme: Funktionsweise von Rezeptoren
Rezeptoren für Temperaturänderung, Licht, Druck und chemische Reize
Die Funktionsweise fünf Einzelschritten: Rezeption des Reizes, Transduktion der Reizenergie in Veränderungen des Membranpotentials, Verstärkung des Signals, Weiterleitung des Signals und Verarbeitung/Integration der Information.
Modelle der Informationsverarbeitung
Neuronale Netze, Assoziativspeicher, Matrix, künstliche Intelligenz, künstlicher Habitus (H-Bots)
Welche „Sprache" benutzt das System?
Besitzt diese Sprache eine Syntax, eine Semantik, einen Code
Welche Elemente werden verwendet?
Natürliche Codes, genetische Codes, haptische Codes, Proteincode

Beuth Hochschule für Technik, Berlin
University of Applied Sciences Berlin, Germany
Bionic Research Unit, FB Maschinenbau, Umwelt- und Verfahrenstechnik

The Origin of "X"

Wechselwirkungen. Die Wechselwirkungsursachen von (X).

Habitat, Lebensraum, Systemgrenzen, inneres Milieu, äußere Umwelt
Gebrauch und Funktionsverlust, Abnutzung (an der Umwelt)
Gebrauch und Funktionsgewinn, Adaption, Konditionierung (durch die Umwelt)
Lebensgemeinschaften, Konkurrenz, Kooperation, Symbiose, Innerartlich, überartlich
Ergonomie
Beziehungen zu Menschen /Beziehungen zu Systemen
Charakter von Beziehungen / Begegnungen mit Wesen / Systemen: gesetzmäßig, zufällig, zwangsläufig, wie wahrscheinlich, beabsichtigt, unbeabsichtigt, erwünscht, unerwünscht,
Wirkzusammenhang: funktionale Beziehung als Handlung des Menschen im technischen System
Einwirkungen, Rückwirkungen, Zweckwirkungen, Nebenwirkungen, Störwirkung
Alle Wirkungen müssen im Gesamtzusammenhang bei der Entwicklung technischer Systeme verfolgt werden.

Philosophie. Die weltanschaulichen Ursachen von (X).

Natursoziologie, Techniksoziologie
Es wird unter den Dingen zwischen Naturdingen und Artefakten unterschieden
Ethik und Verantwortung und das „Machen" von Artefakten
Technische Eingriffe in die Natur als Problem der politischen Ethik
Moralische Probleme durch Technik und Techniken
Technik und ihre "Stellung in der Welt"
Hierarchien von Über- und Unterordnung in Natur und Technik
Zumutbarkeit von Nebenwirkungen von Technik
Handeln (das Machen von Artefakten) ist auf Zwecke gerichtet >> Machenschaften.
künstliche Evolution
Die Tradition der Überlegenheit theoretischen Wissens.
Folgt die Wissenschaft der Technik? Folgt die Technik der Wissenschaft?

The Origin of "X"

Folgenabschätzung, Kreisläufe, Ökobilanzen, Wertanalysen, Umweltschutz.
Biodiversität, Technodiversität, Universalität von technischen Lösungen.
Normative Eigenschaften von Technik und Künstlichem; Folgen für die Gesellschaft.
Gesetzgebung, Verordnungen, Rechtsprechung, Schutzrecht als Folge von Technik
Politisches Leben und private Existenz, gesellschaftliche und individuelle Interessen.
Mode, Trends, Zeitgeist, Unabhängigkeit von Moden.
Usw.

Weiterführende Literatur

[Dien-02] Dienst. M.: Die Natur als Vorbild für Innovationen im Yacht Design. 23. Symposium Yachtentwurf und Yachtbau Hamburg, In: Tagungsband, S. 9-37. Hamburg 2002.

[Die09-2] Dienst, Mi., (2009) Bionic Basics. History. BOD Verlag Norderstedt. ISBN 978-3-8370-3476-9
Gebrauchsmuster Nr. 20 2009 004 438.6

[Dubb-95] Dubbel, Handbuch des Maschinenbaus, Berlin, 15.Auflage 1995.

[Fren-94] French, M.: Invention and Evolution: design in nature and engineering. Cambridge University Press. Cambridge 1994.

[Fren-99] French, M.: Conceptual Design for Engineers. Berlin, Heidelberg, New York, London, Paris, Tokio: Springer: 1999

[PaBe-93] Pahl. G.; Beitz, W.: Konstruktionslehre, 3.Auflage. Berlin-Heidelberg-New York-London-Paris-Tokio: Springer 1993

[Roth-92] Roth, K.: Methodisches Entwickeln von Lösungsprinzipien, Wege und Verfahren zur Lösungsfindung in der Konstruktionspraxis. VDI-Berichte 953, Düsseldorf. VDI Verlag 1992

[VDI 2221] VDI-Richtlinie 2221. Methodik zum Entwickeln und Konstruieren technischer Systeme und Produkte. Düsseldorf: VDI-Verlag 1993.

The Origin of "X"

Kontakt:

Die **BIONIC RESEARCH UNIT** ist eine forschungsbezogene Fachgruppe für Lehrende und Studierende an der Beuth Hochschule für Technik Berlin und Partner für industrielle Dienstleistungen auf dem Wissensgebiet der Bionik.

Dipl.-Ing. Michael Dienst
Beuth Hochschule für Technik Berlin,
BIONIC RESEARCH UNIT / FB VIII, Maschinenbau
Luxemburger Str. 10,
D - 13353 Berlin-Wedding